INTERESTING CLASSROOM

Aesthetic Education
Interesting Classroom

青少年美育趣味课堂

青少年学摄影修图

史远 著

人民邮电出版社

北京

图书在版编目（CIP）数据

青少年学摄影修图 / 史远著. -- 北京 : 人民邮电
出版社, 2022.5
（青少年美育趣味课堂）
ISBN 978-7-115-58836-4

Ⅰ. ①青… Ⅱ. ①史… Ⅲ. ①图像处理软件—青少年
读物 Ⅳ. ①TP391.413-49

中国版本图书馆CIP数据核字(2022)第041013号

内 容 提 要

本书是"青少年美育趣味课堂"系列图书中的青少年学摄影修图篇。本书以电脑版美图秀秀软件为基础，介绍了青少年学习修图所需要的基本知识及技巧。全书共分为16课，第1~3课分别介绍了照片的传输与管理、修图前后的照片变化、修图前的准备工作；第4~13课详细讲解了美图秀秀软件的一键修图、照片明暗调整、照片色彩调整、人像皮肤美化、人像五官及肢体美化、抠图、裁剪照片、添加文字与边框，以及拼图等知识技巧；第14~16课则为修图实践课，通过修图实践来复习本书所介绍的主要内容，巩固学习效果。

本系列书面向青少年读者，可以作为小学、初中等学校及相关美育机构的素质教育用书及老师的参考教程，也可作为摄影初学者的入门启蒙读物。

◆ 著　　　　　史 远
　责任编辑　张 贞
　责任印制　陈 犇

◆ 人民邮电出版社出版发行　　北京市丰台区成寿寺路 11 号
　邮编　100164　　电子邮件　315@ptpress.com.cn
　网址　https://www.ptpress.com.cn
　临西县阅读时光印刷有限公司印刷

◆ 开本：700×1000　1/16
　印张：6　　　　　　　　　　　2022 年 5 月第 1 版
　字数：132 千字　　　　　　　2022 年 5 月河北第 1 次印刷

定价：49.80 元
读者服务热线：(010)81055296　印装质量热线：(010)81055316
反盗版热线：(010)81055315
广告经营许可证：京东市监广登字 20170147 号

序

在科技日新月异和视觉影像爆炸发展的21世纪，青少年对于数字新媒体的掌握程度深深地影响着他们未来的发展。为了更好地帮助青少年掌握21世纪所必备的技能以及应对当前数字时代对社会、教育、文化的挑战，学习必备的摄影知识就显得尤为重要。摄影知识的学习不仅对培养青少年的媒体素养和视觉素养起着重要作用，更是对核心素养时代的青少年美育起到促进作用。

摄影作为科学技术与艺术紧密结合的产物，完美地将美育融合在了其学习过程中。青少年在学习理论知识与技能操作的同时，其审美视觉与个性思维也在潜移默化中得到了锤炼。在摄影学习中，青少年从开始对摄影器材的粗浅了解到能够掌握实际拍摄，从对真实的再现到艺术的二次创作，从简单的模仿借鉴到自我风格的形成，最终能够在生活中真正做到去发现美、提炼美、创造美、鉴赏美、感受美，拥有一个不俗的灵魂。

现如今，随着科技技术的发展、设备的更新换代，以及摄影器材成本的不断降低，青少年对于摄影学习的需求也呈现出不断上涨的趋势，越来越多的学校也将摄影设置成必备的兴趣课。同时，摄影相关学习资源的良莠不齐，导致现有的摄影课程尚未形成统一、完善且清晰的教育课程体系。

基于此，本书作者紧跟摄影技术发展潮流，扎根于日常应用，采用浅显易懂的语言将摄影修图的奥秘展现在读者面前。从浅显的图片传输与管理入手，讲解修图的准备工作及软件基础操作，再到各种修图技巧的教学，最终到现实实例的应用，本书内容结构层层递进，主题鲜明，使学生能够在学习中有所用、有所得，在欢乐中高效地掌握修图技术。

方海光

首都师范大学教育学院教授
北京市教育大数据协同创新研究基地主任
教育部数学教育技术应用与创新研究中心主任

前 言

　　修图是指通过对图片进行修改和修饰以达到完美效果的过程。修图也是对作品进行再创作的过程，它作为一种艺术再加工行为，通过软件对图片进行色彩、明暗、对比度、饱和度、二次构图等调整，对图片进行美化，也是当代人必须具备的一项基本技能。

　　随着生活水平的提高，人们对修图的要求也随之提高。学习修图有助于对青少年观察力、注意力、动手能力及创造能力的培养，也是提高青少年审美能力的重要途径。

　　随着教育部对青少年美育教育的提出与关注，修图成为青少年美育教育的途径之一。为了满足广大青少年对修图学习的需要，我编写了这本适合青少年学习和阅读的修图教材。本书深入浅出，采用图文结合的方式，向青少年读者讲授了修图的各种技巧，包括色彩、明暗、对比度和饱和度等参数的调整以及二次构图等技巧，还向读者讲述了修图实践中会遇到的各种问题及相应的解决方法，以帮助青少年读者全方位地了解修图，用修图的方式创造美、表现美。

目 录

第 **1** 课

照片的传输与管理

本节课将讲解一些与照片相关的概念。掌握这些基本概念，会对后续的照片拍摄及后期处理有很好的帮助。

知识点1：电脑中照片的正确存储方式

首先来看第1个知识点，如何在电脑上正确地存储照片。大量照片被传输到电脑时，如果我们不对照片进行分类，就会变得杂乱，不方便管理。因此我们不建议像下图显示的这样，在一个文件夹中放很多类型不同的照片，例如同时有旅游照片、风光照片和纪实照片。

正确的方式是开辟单独的图库存储盘，然后在存储盘内建立多个不同的文件夹，并对文件夹进行一定的分类。建议各文件夹以时间加拍摄地点或主题的方式来进行命名。标定好时间地点或主题之后，那么这个文件夹当中要存入的内容基本就确定了。

如下图所示，根据文件夹名称我们就可以判断出文件夹内的内容以及具体拍摄时间。

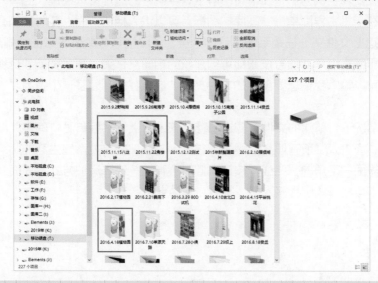

这里我们双击鼠标左键打开了"2016.4.18植物园"这个文件夹，可以看到照片都是花草类的，非常便于查找。

 ## 知识点2：手机中照片的管理

接下来看第2个知识点，如何在手机中正确管理照片。与相机拍摄的照片往往需要读卡器或数据线进行传输不同，手机中的照片可以通过一些特定的软件工具来进行传输。

以某一款安卓手机为例，如下页图所示，手机中的照片可以通过"图库"这个程序直接访问。在手机主界面单击"图库"图标，可以进入相册界面。此时我们会看到不同的文件夹，这些文件夹往往是系统默认的分类，不够精确。单击下方的"相册"图标，然后再单击界面右上角的加号按钮即可创建新的相册文件夹，随后在新建相册对话框中的文本框中可以输入我们想要创建的文件夹名。这里我们创建了一个名为"家庭"的文件夹。

大多数情况下，新建的文件夹要选择存储在设备上，然后单击"确定"按钮；创建新文件夹后，会进入"所有照片"界面，在其中勾选那些有关家庭生活的照片，勾选完毕后，单击界面右下角的"完成"按钮；此时会弹出"选择添加方式"界面，在其中选择"移动"即可将所选照片移入该"家庭"文件夹中。

TIPS

　　"选择添加方式"界面中如果选择"复制"，原文件夹当中将依然保留这些图片；选择"移动"则表示将原文件夹当中的照片移动到"家庭"这个新建的文件夹当中。

之后，"家庭"这个文件夹中就出现了我们之前选择的照片。在某个文件夹中，如果勾选一些照片，在下方可以选择将这些照片删除，或是单击右侧的"更多"按钮选择将这些照片移动或复制到某一个相册，以更改图片存储的位置。如果我们要返回上一级菜单，可以单击界面上方的"所有照片"按钮，也可以向右滑动屏幕返回。

在图库最下方，我们可以看到"最近删除"这个文件夹；点开之后可以看到最近删除的照片；长按某一张照片，可以进入选择状态；勾选照片后，我们可以在下方选择将照片恢复或是彻底删除。

如果要将照片从手机导入电脑，没有必要连接数据线，可以直接通过微信或QQ等软件来进行传输，非常方便，但首先要确保在手机和电脑上安装了微信或QQ等软件。

例如本例中，我们在某一个文件夹中选中了5张照片，然后单击界面左下角的"分

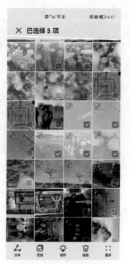

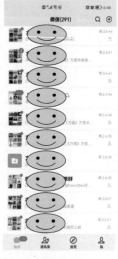

享"按钮；在弹出的分享界面中，我们可以选择"发送给朋友"或是"发送到我的电脑"等。如果选择"发送给朋友"，就可以通过微信的文件传输助手，将所选照片直接由手机发送到电脑端微信。如果选择"发送到我的电脑"，则会借助于手机QQ通过"我的Android手机"将所选照片发送到电脑端QQ进行接收，如左下图所示。右下图所示为电脑端微信的"文件传输助手"窗口。

 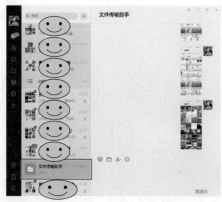

第 **2** 课

修图前后的照片变化

　　要学习后期修图，那么就应该清楚修图的目的和主要调整项目。我们修图的目的主要有以下几点：一是对照片的明暗进行处理；二是对照片的色彩进行优化；三是调整画面的构图；四是对照片画质的优化。

　　由于本书讲解中所使用的修图软件，画质优化属于收费功能，因此我们对这部分将不进行讲解，我们将主要讲解和展示照片明暗、色彩、构图调整前后照片的变化。

知识点1：认识明暗

　　首先来看照片明暗的变化。照片的原图比较暗，经过后期调整，照片亮度变得合理。本例中，既有对画面整体的调整，也有对亮部和暗部的单独调整；既要避免亮部太亮而变得雪白，也要避免暗部太暗而变得死黑。这都是明暗调整的范畴。

↑ 原图

→ 效果图

知识点2：认识色彩

　　对于色彩的调整，会涉及两个方面：一是我们要将偏色的照片的色彩调整为准确的；二是我们要对色彩进行优化，让照片的色彩变得更具表现力。这个案例中，原图的色彩实际上已经比较准确了，但我们依然对画面中的植物部分的色彩进行了创意性的调整，将浓浓的秋色很好地呈现了出来。

↓ 效果图　　　　　→ 原图

 知识点3：构图的变化

　　照片构图的变化，主要是指从裁剪的角度对画面效果进行一定的优化。以下页的案例为例，原始照片当中，天空和水面部分均显得比较空旷，而作为重点景物的山体部分则不够突出。因此我们在后期进行了裁剪处理，裁掉了部分天空和水面，主体部分山体就变得更加突出了。

对于一张照片的修图过程，往往不会仅是对画面的明暗、色彩或者构图中某一项的调整，而是需要对这几个方面都进行优化的综合处理。在这个案例中，我们可以看到调整后的照片有明暗、色彩以及构图等全方位的优化。

← 原图　　　　　　　　　↓ 效果图

第 **3** 课

准备修图

　　本节课我们讲解学习后期修图所需要的一些准备工作，包括什么是修图软件，修图软件能够实现什么效果，有哪些问题没有办法通过后期软件进行修复。最后我们会介绍后期修图时涉及的几种照片格式。

知识点1：什么是修图软件

　　首先来看第1个知识点：什么是修图软件？实际上，修图软件的概念非常简单，它就是指能够对我们拍摄的原始照片进行优化的软件，这种优化包括我们之前所说的对画面的明暗、色彩、构图、画质等方面进行全方位的调整。

　　我们从下面的示例可以看到，原始图片的色彩比较灰暗，经过调整之后，可以看到画面的色彩变得更加干净，明暗更加合理，画面整体给人的感觉更好，这便是通过后期修图软件所实现的。

↑ 原图

→ 效果图

　　当前比较流行的专业修图软件主要有Photoshop、Lightroom等。这类专业软件的功能非常强大，但相对比较难入门。比较容易入门并能快速掌握的修图软件有美图秀秀、光影魔术手等，本书是以美图秀秀为基础进行讲解的。美图秀秀有手机版和电脑版两种版本，本书主要介绍的是电脑版。

知识点2：照片的哪些问题无法修复

接下来我们看第2个知识点：照片的哪些问题没有办法通过软件进行后期修复。以下面的照片为例。

第1种情况，如果我们拍摄的照片亮度过低或是过高，是没有办法通过软件修复的，因为过低的亮度会导致画面的暗部没有细节，强行提亮也无法显示正确的信息；如果我们拍摄的照片亮度过高，降低亮度同样也没有办法将像素原始的明暗和色彩信息显示正确。

第2种情况，如果我们在拍摄时没有正确对焦，拍摄的是一张模糊的照片，那么也是没有办法将照片调整清晰的。

第3种情况，如果照片的取景范围非常小，那我们是没有办法通过后期修图软件来扩大取景范围的，即无法扩充出场景中没有纳入镜头的部分。

知识点3：认识照片格式

　　照片的格式种类非常多，但对于简单的后期修图来说，我们只需要掌握下面所介绍的三种即可。

1. JPEG格式

JPEG是最常用的照片格式，扩展名为.jpg（以大写还是小写字母来显示扩展名都是可以的）。JPEG格式照片可以在占用很小空间的同时，具备很好的显示画质。电脑、手机等设备自带的读图软件都可以流畅地读取和显示这种格式的照片。

大多数情况下，无论你最初拍摄了什么格式的照片，最终在电脑上浏览或者在网络上分享时，通常都还是要将照片的格式转为JPEG格式。

↙ 上传到摄影网站的JPEG格式照片

2. RAW格式

RAW格式是数码相机的专用格式，是相机捕捉到的光源信号转化为数字信号的原始数据，是未经压缩的图片格式，特别适合作为后期处理的底稿使用。不同的相机有不同的RAW格式扩展名，如.NEF、.CR2、.CR3、.ARW等。尼康相机所拍摄的RAW格式文件，扩展名为.NEF；而佳能相机所拍摄的RAW格式文件为.CR2。

在专业摄影领域，相机拍摄的RAW格式文件主要用于进行后期处理，处理后再转为JPEG格式照片用于在电脑上查看或网络上分享。

_DSC8891.NEF

NEF 文件

拍摄日期:	2021/6/7 19:43
分辨率:	8256 x 5504
大小:	82.9 MB
作者:	Simoon
照相机制造商:	NIKON CORPORATION
照相机型号:	NIKON Z 7
ISO 速度:	ISO-500
光圈值:	f/2.8
曝光时间:	1/50 秒
曝光补偿:	0 步变
曝光程序:	手动
测光模式:	图案
闪光灯模式:	无闪光
焦距:	24 毫米

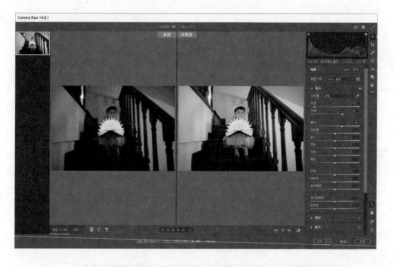

464A7228.CR2

CR2 文件

拍摄日期:	2019/4/6 11:18
分辨率:	6720 x 4480
大小:	30.6 MB
照相机制造商:	Canon
照相机型号:	Canon EOS 5D Mark IV
ISO 速度:	ISO-100
光圈值:	f/2.8
曝光时间:	1/800 秒
曝光补偿:	0 步变
曝光程序:	光圈优先级
测光模式:	图案
闪光灯模式:	无闪光, 强制
焦距:	200 毫米

3. PNG格式

相对来说，PNG格式是一种较新的图像文件格式。这种格式最大的特点在于其能很好地保存并支持透明效果。我们从画面中抠取出主体景物或文字，背景变为透明，然后将照片保存为PNG格式，那么这种背景透明的效果就会保留下来。

将透明背景的PNG格式照片插入Word文档、PPT文档或嵌入网页时，会无痕地融入背景。

003-1_副本.png

PNG 文件

拍摄日期:	指定拍摄日期
分辨率:	819 x 819
大小:	599 KB
创建日期:	2022/1/22 14:53

第 **4** 课

熟悉美图
秀秀软件

　　本节课主要有两个知识点。首先我们会介绍美图
秀秀软件的界面布局及基本功能，之后我们会介绍美
图秀秀的基本操作方法。

知识点1：界面功能

启动美图秀秀软件，进入美图秀秀的主界面。下图中我们对美图秀秀的主界面进行了详细的划分。

第1个区域为导航栏，列出了项目主页、美化图片、人像美容、文字、贴纸饰品、边框、拼图和抠图，美图秀秀的所有功能都能在导航栏中的各项目界面中找到。

第2个区域为基本操作按钮，包括打开（照片）、新建（图像）、保存（照片）以及（成为）会员4个按钮。

第3个区域列出了美图秀秀几个重点功能，包括美化图片、人像美容、抠图和拼图。

第4个区域则是一些热门和扩展功能，以及美图秀秀的客户服务链接。在第4个区域中，所有这些功能都可以在上方第1个区域导航栏中的各项目界面内找到。

第5个区域是"设置"按钮，单击"设置"按钮后我们可以找到软件更新、客户服务等选项。

如下页图所示，切换到"美化图片"这个界面，我们将通过这个界面介绍美图秀秀部分具体调整功能的布局。

第1个区域是照片显示区，所打开的照片以非常大的视图显示，我们对照片所有的处理都会在这个区域呈现出来。

第2个区域列出了我们可以对照片进行的主要操作。

第3个区域用于对照片进行尺寸调整、裁剪，以及左、右、上、下旋转等操作。

第4个区域分布着多种特殊滤镜。我们通过单击不同的滤镜选项，可以快速为照片套用比较好的滤镜效果。

第5个区域是我们对照片所做的操作的一些记录。我们还可以在这个区域进行操作，例如撤销某一步操作或是重复之前的操作。如果我们要对所有已做操作进行还原，那么可以单击"原图"按钮。

第6个区域主要用于对照片显示区大小进行调整，并能显示照片处理前后的对比以及照片的EXIF（包括光圈、快门、拍摄时间等）参数信息。

 ### 知识点2：基本修图操作

接下来我们来看第2个知识点：基本修图操作。

打开美图秀秀软件，单击"打开"按钮，弹出"打开图片"对话框。我们找到要处理的照片所在的文件夹，单击要处理的照片，然后单击对话框右下角的"打开"按钮，即可将照片载入美图秀秀。

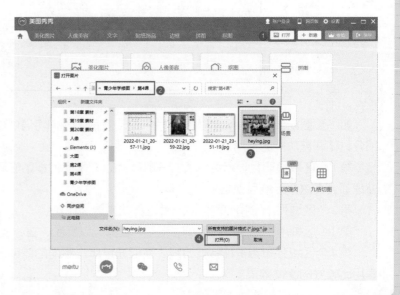

载入照片之后，我们可以对照片进行旋转、裁剪、尺寸设定等操作。

如果我们的某一步操作有问题，那么可以撤销该步修改后重新操作。

如果要照片恢复原状，单击"原图"按钮即可。

如果当前照片显示比例比较小，我们可以通过改变视图比例来放大或缩小。

"自适应"是指让打开的照片以适合当前窗口大小的比例显示，单击"原大小"按钮则会将照片调整为100%大小显示。

单击"EXIF"按钮后可以显示照片的EXIF信息，如光圈大小、快门速度等；单击"对比"按钮，可以对比照片原图和处理之后的效果图，方便我们进行观察。

下面我们以调整照片尺寸为例介绍美图秀秀的一般操作。

首先在界面上方单击"尺寸"按钮以打开"尺寸"对话框，在其中将宽度设定为2000。因为在对话框下方勾选了"锁定长度比例"，所以照片高度会由软件根据所设的宽度值自动设定，之后单击"确定"按钮就可以更改照片的尺寸。

　　在"尺寸"对话框的右上角有一个"批量修改尺寸"按钮，单击之后我们可以选中多张照片进行尺寸的批量修改，这里我们就不再详细介绍。

　　更改照片尺寸后返回到美化图片主界面，单击"保存"按钮。

　　此时会打开"保存"对话框，首先设定保存路径，大多数情况下选择"自定义"即可。单击"更改"按钮，可将默认的保存路径更改为需要保存的位置。

在"文件名与格式"选项设置中，默认文件名是在原文件名后添加"副本"两字，便于与原文件区分。在后面的"格式"栏中，可以选择不同的照片格式，大部分情况下，我们保存为 JPEG 格式即可，扩展名为 .jpg。

对于"画质调整"选项，大部分情况下保持默认的画质百分比为 90% 的高画质即可。

完成设定后单击"保存"按钮，这样我们就完成并保存了对照片尺寸调整。

之后会进入另外一个"保存"界面，单击"打开所在文件夹"按钮，就能打开保存照片的文件夹。

最后单击"关闭"按钮即可。

此时在打开的文件夹中，可以看到处理过后的照片。单击选中该照片，在照片详细信息列表中可以看到照片的分辨率是 2000×1334，即我们调整时所设定的尺寸。

我们如果要对照片进行其他处理，参照本例介绍的流程操作即可。

第 **5** 课

一键修图

　　本节课我们将介绍如何用美图秀秀快速一键修图，来提高修图效率。一键修图有两种方式：一是借助于"智能优化"功能对照片进行自动调整；二是使用"滤镜"功能进行一键修图。这两种方法都非常智能，也非常方便。下面分别进行介绍。

知识点1：智能优化照片

首先来看第1个知识点，智能优化照片。

打开美图秀秀，单击"打开"按钮，找到要处理的照片，将其载入。进入"美化图片"界面，单击左侧的"智能优化"选项。

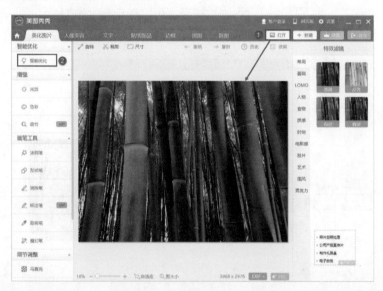

在展开的"智能优化"功能列表中，根据所打开的照片题材选择不同的智能优化类型。因为我们打开的是一张风光照片，所以在列表中直接单击"风景"这个类型，软件即会对照片按照风景照片的特点进行优化，主要涉及提高照片中绿色、蓝色等色彩的饱

和度，提高照片的对比度等，以让照片更通透一些。

可以看到智能优化之后的照片效果好了很多。

这时我们单击界面下方的"对比"按钮进入"对比"界面。我们可以看到照片美图前和美图后的效果对比，可以发现照片变得更好看了。如果感觉效果过于强烈，我们可以通过改变效果的不透明度来改变智能优化的调整幅度；如果对效果比较满意，那么可以单击下方的"应用当前效果"按钮；如果感觉不是很满意，还可以单击"取消本次调整"按钮；如果我们要将照片恢复到原始状态，可以单击右上角的"还原"按钮；如果对照片的效果已经比较满意，不想再进行其他处理，可以单击"保存"按钮。

单击"保存"按钮后，会弹出"保存"对话框，相关设定我们已经进行过详细介绍，这里不再赘述，各参数设定后直接单击"保存"按钮。

此时会弹出"温馨提示"对话框，提示"图片已修改，是否保存"，确认没问题后单击"是"按钮即可。

照片保存后，如果不再进行其他处理，直接单击右上角的"关闭"按钮，将已经保存的照片关闭即可。

 知识点2：用滤镜一键修图

接下来看第2个知识点。

在美图秀秀中打开这张人像照片，进入"美化图片"界面之后，在右侧可以看到各种特效滤镜功能供选择使用。因为所打开的是人像照片，所以我们可以先单击"人物"选项，进入人物滤镜列表，在其中选择一个我们感觉比较好的效果。这里我们选择"小纸条"这个滤镜，然后单击"确定"按钮，这样软件就为照片套用了这种滤镜效果。

单击页面底部的"对比"按钮，可以对比查看照片调整前后的效果。可以看到人物的肤色变得更白皙，画面整体的明暗效果也变得更加合理。最后单击主界面右上角的"保存"按钮将照片保存即可。

可以看到，借助于特效滤镜，同样可以完成一键修片，修图效率是非常高的。

第 **6** 课

照片明暗调整

　　本节课我们介绍美图秀秀第一项基础修片功能，即对照片的明暗效果进行调整。

知识点1：智能补光与亮度

首先来看第1个知识点。在美图秀秀中打开照片，进入"美化图片"界面，在界面左侧的调整项目中单击"光效"。

这时会进入"光效"编辑界面。首先将"智能补光"参数调到最高，可以看到画面整体变亮，但原本亮度较高的区域提亮的幅度并不是很大，而原照片中比较暗的那些区域亮度变化明显。所以说"智能补光"这个功能主要是对于照片中亮度一般及偏暗的区域进行提亮。

接下来单击"还原"按钮，将照片恢复到原始效果。

在左侧的列表中将"亮度"参数提到最高，可以看到画面整体变亮。但是这个功能不够智能，原照片的亮部和暗部区域都会大幅度变亮，这样就会导致原来亮度比较高的区域变得太亮，甚至变得死白。所以说"亮度"这个功能不是太智能。

单击"还原"按钮，将照片恢复到原始状态。

通过综合调整"智能补光"与"亮度"这两个参数，将照片整体的明暗调到一个相对比较理想的状态。

知识点2：高光调节与暗部改善

接下来来看"高光调节"与"暗部改善"这两个功能。

我们对照片进行"智能补光"和"亮度"调整后，虽然画面整体的明暗效果变得好了很多，但实际上依然存在一些问题。比如说人物面部比较亮的区域的亮度稍稍有些高，导致层次感较弱，这时我们就可以通过降低"高光调节"这个参数来恢复层次和细节。降低"高光调节"参数之后，可以看到人物面部以及舞台前方的高亮区域明暗变得更加准确，细节更加丰富，这便是降低"高光调节"参数所起的作用。

提高"暗部改善"这个参数值，可以看到原照片中比较暗的那些区域会变亮，因而暗部的细节就会显示得更加丰富，这便是提高"暗部改善"参数所起的作用。

知识点3：对比度调整与全图优化

经过上述几个参数的调整，可以看到此时照片的细节更加丰富、完整，但画面整体却显得有些发灰，不够通透。

这时我们可以通过提高"对比度"来进行改善。所谓提高对比度，就是让画面中的亮部更亮，暗部更黑，通过强化亮部和暗部的对比来提高照片的通透度。这里要注意，对比度并不是越高越好，如果对比度过高，那么照片中一些亮部可能会变得死白，暗部可能会变得纯黑，效果是不够理想的，所以说适度即可。

我们通过协调这5个参数，最终将照片调整到一个相对比较理想的效果。

接下来单击界面下方的"对比"按钮，可以对比查看照片调整前后的效果。可以看到调整之后的画面中暗部的色彩和细节更加完整，画面整体更漂亮。如果对效果比较满意，单击"应用当前效果"按钮完成处理，最后再将照片保存即可。

第 7 课

照片色彩调整

本节课我们将介绍美图秀秀基础调整功能中的第2项——色彩调整。"色彩调整"主要有4方面内容，第一是饱和度调整，第二是色温与色调调整，第三是色调分离调整，第四是HSL调整。美图秀秀软件的HSL调整功能需要开通VIP会员才能使用，所以我们本节课对此不进行单独的介绍，主要针对前三项进行讲解。

知识点1：饱和度调整

首先来看第1个知识点——饱和度调整。

在美图秀秀中打开要处理的照片，在左侧单击"色彩"选项，进入色彩调整界面。

首先我们将"饱和度"参数降到最低，可以看到照片的色彩感变得非常弱，接近于黑白照片的效果，也就是说降低饱和度可以降低画面的色彩感。

我们将"饱和度"调到最高，可以看到画面色彩变得非常强烈，画面更容易吸引人的注意力。但此时画面的色彩也变得比较刺眼而不够耐看，很多区域因为饱和度过高而丧失了细节层次。

实际调整时，我们可以一边观察一边稍微降低或提高饱和度，将照片色彩饱和度调整到一个比较合理的效果，确保色彩浓郁又不会过。

 ## 知识点2：色温与色调

接下来看第2个知识点——色温与色调功能。

"色温"这个参数的调整可以控制画面向偏暖或是偏冷的色彩偏移。偏暖对应黄色，偏冷对应蓝色。向左拖动色温滑块，照片会向蓝色的方向偏移；向右拖动则会向暖色调的方向偏移。

　　提高色温值后，照片整体开始变暖。对于这张照片来说，画面整体色彩变暖是比较理想的效果。

　　接下来我们来看色调，色调对应的是洋红和绿色。

　　虽然色调下方的色条显示的是蓝色和黄色两种颜色，但如果我们向左拖动色调滑块，画面会向偏绿的方向偏移；如果向右拖动，画面会向偏洋红的方向偏移。

　　这张照片本来是偏洋红的，所以我们稍稍降低色调值，可以看到画面的色彩变得更加准确。

下面这个图片中，我们在"色调"参数下方标出了该参数所对应的颜色，左侧是绿色，右侧洋红色，供大家理解参考。

 知识点3：色调分离

接下来我们看如何分别对照片的亮部和暗部渲染特定的色彩，以提升照片的色彩表现力。比如想呈现日落时分的效果，那么我们可以为受光线照射的区域渲染一些更暖的色调，让画面的氛围更强烈。

对于这张照片，首先我们单击"色调分离"下的"高光"按钮，即表示调整下方各

参数将会对照片的亮部区域进行调整。将红色提到最高，可以看到被光线照射的亮部区域明显变红，但是有些过度。

因此我们可以稍稍向左再拖动一下红色滑块，可以看到受光线照射的区域依然是暖色调，但强度比较合理。

实际上，对于受光线照射的区域，我们可以分别渲染红、橙、黄三种不同的色彩，具体选用哪一种可以根据照片的不同情况来选择。本例就选择了红色。

高光区域调整完毕之后，单击"阴影"按钮切换到对阴影区域的调整。对于照片的阴影区域，一般可以为其渲染冷色调，这亦是符合自然规律的。

本例中，我们为阴影部分渲染了蓝色调。可以看到，这种暗部的蓝色调与亮部的暖色调会形成冷暖的对比。

进行"分离色调"调整之后，对比照片处理前后的效果，可以看到原照片偏蓝的问题得到了纠正，并且加强了画面的冷暖对比，整体效果是非常好的。

如果对调整后的照片比较满意，单击"应用当前效果"按钮，再将照片保存即可。

第 **8** 课

人像美容：
皮肤优化

本节课将介绍如何借助美图秀秀软件来对照片中的人像进行美容。

知识点 1：磨皮与自动磨皮

打开人像照片，切换到"人像美容"界面。我们可以看到这张照片中人物的肤色稍稍有些偏深，肤质也不太光滑。

那么我们就可以对这张照片进行磨皮处理。所谓"磨皮"主要是指对人物的肤色进行提亮，让人物的肤色更白，并且对人物皮肤的肤质进行优化，让肤质更光滑。

美图秀秀软件中提供了"全身自动磨皮"与"手动磨皮"两种方法。根据个人的经验，"手动磨皮"远不如"全身自动磨皮"效果来得好，所以这里我们主要介绍"全身

自动磨皮"功能的使用方法。

单击左侧的"全身自动磨皮",此时会进入"全身自动磨皮"界面,在其中可以看到自然磨皮、普通磨皮、快速磨皮和智能磨皮这几个选项。单击"快速磨皮"这个选项。对于绝大多数照片,"快速磨皮"的效果是比较好的。可以看到此时人物的皮肤变亮,并且变得更加光滑。

将磨皮效果的强度提到"深"这个位置,可以看到人物皮肤更光滑,但面部的细节和质感不够理想。

所以本例中我们要适当降低磨皮效果的强度,即将滑块拖动到"轻"和"中"之间的位置,人物皮肤细节与光滑度得到了很好的平衡,效果是比较理想的。

最后我们可以对比磨皮前和磨皮后的效果,可以看到调整之后画面整体以及人物的肤色、肤质都变得更加理想,最后保存照片就可以了。

知识点2：肤色调整

　　虽然磨皮功能对人物肤色与肤质都有优化效果，但实际上更侧重于肤质的优化。对于人物肤色的调整，还有一个单独的功能比较有用，下面进行介绍。

　　再次打开一张人像照片，可以看到人物肤色的饱和度有些高，并且整体亮度不够。打开照片后我们直接在界面左侧单击"肤色"选项。

　　此时会进入单独的"肤色"界面，并直接根据默认参数对人物的肤色进行了调整。在界面左侧，我们还可以看到"美白程度"和"白皙"这两个参数。

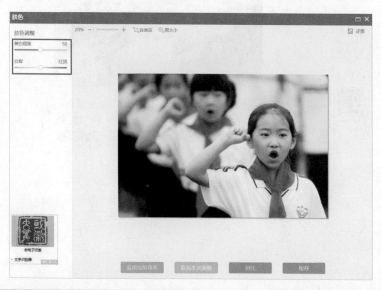

将"美白程度"提到最高，可以看到人物肤色更白。

将下方的滑块由"红润"调到"白皙"侧，人物的面部肤色饱和度会变低，皮肤也会更白。

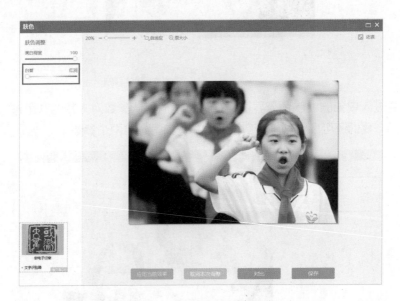

调整"美白程度"和"白皙"这两个参数，可以将人物的整体肤色调整到比较理想的效果。

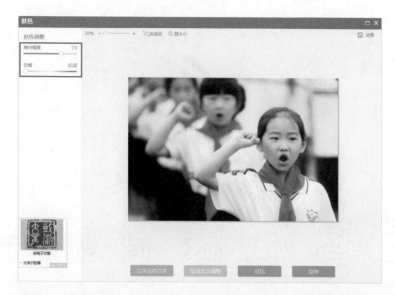

对比"肤色"调整前后的效果，可以看到调整之后的人物肤色明显更加自然，并且画面整体更加漂亮，最后保存照片即可。

第 **9** 课

人像美容·
五官及肢体优化

在人像美容过程当中，除对人物的皮肤可以进行重点调整之外，实际上我们还可以对人物的面部五官以及肢体进行一定的优化，本节课将对此进行详细介绍。

知识点1：头部调整

先来看第1个知识点——头部调整。

所谓头部调整，是指我们可以对人物例如眼睛大小进行调整，对眼白、牙齿等进行美白，对五官的形状等进行修饰，还可以对人物的头发颜色等进行修改。

首先展开"头部调整"功能，在其中单击"自动瘦脸"，可以看到人物的面部会变得更瘦一些。

在自动瘦脸界面左上方，我们可以看到"瘦脸强度"这个参数。

我们将"瘦脸强度"提到最高，可以看到人物的面部会变得更瘦。单击"对比"按钮可以查看瘦脸前后的效果。如果对当前的效果比较满意，单击"应用当前效果"按钮即可。

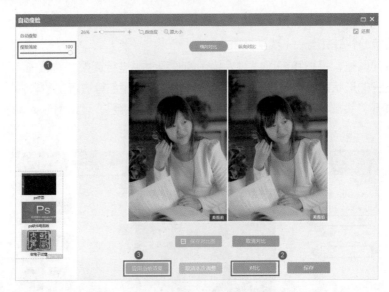

接下来我们选择"染发"，进入"染发"界面。在染发界面当中，我们主要会使用到"画笔"工具，此时鼠标光标会变为圆圈，设定画笔颜色后在人物的头发部位进行涂抹，就可以为人物的头发染上不同的颜色，这是一个比较有意思的功能。

本例当中我们可以将染发笔大小设置为78像素。不同照片画笔设定会有所差别，但是一般来说染发笔的直径不宜过大。

我们选择自己想要的颜色后就可以将画笔移动到人物头发上进行涂抹，可以看到人物的头顶部分已经变为了我们所选择的颜色。

对于人物垂下的头发部分因为区域比较小，所以我们要先缩小染发笔大小，再对这些区域进行更精细的涂抹。

如果画笔不小心涂抹到了头发之外的区域，在左侧选择"橡皮擦"工具，擦掉过多涂抹的部分即可。

之后再次选择画笔，对没有上色的头发区域进行上色即可。

实际上我们在完成涂色之后，在左侧的发色选项中还可以再选择不同的头发颜色，可以看到，人物的头发颜色会随之发生改变。

染发完成后，单击"应用当前效果"按钮，就可以完成人物的头发染色。

在左侧单击"唇彩"选项，进入"唇彩"界面。所谓唇彩，是对人物的嘴唇进行上色，以模拟唇膏的色彩效果。

对于这张照片，我们可以选择自己想要的唇部颜色，然后用鼠标在人物的嘴唇上涂抹。因为之前我们已经介绍过人物头发上色的方法，嘴唇上色的方法与之基本相同，所以这里不再过多介绍。为人物嘴唇涂抹颜色之后，直接单击"应用当前效果"，就可以完成操作。

进入"自动亮眼"这个功能界面，通过提高界面左侧的"亮眼程度"参数值，可以在一定程度上提亮人物的眼白，让人物的眼部区域更加炯炯有神。需要注意，眼白亮度不要提得太高，否则人物会明显失真。

提亮眼白之后单击"应用当前效果"按钮，返回主界面。

此时可以单击"对比"按钮，对比查看照片调整前后的效果。

 ## 知识点2：增高塑形

接下来是人像美容中的"增高塑形"功能。"增高塑形"主要可以实现两方面的功能，第一个功能是可以让人物整体变得瘦一些，会显得更加苗条；第二个功能是我们可以只拉长人物的腿部，让人物显得更加高挑。

首先打开这张照片，然后单击展开"增高塑形"功能列表，可以看到"瘦身"和"美腿"这两个功能。至于"身体重塑"，因为属于VIP功能，所以这里不进行介绍。

首先单击"瘦身"选项进入"瘦身"界面，通过拖动"瘦身程度"滑块可以改变照片的比例，即通过改变照片的宽度来调整人物的体型，让人物显得更瘦。这便是"瘦身"这个功能的原理。

如果我们将"瘦身程度"提得非常高，那么可以看到照片明显失真，这是不合理的。

我们通过调整"瘦身程度"参数值，让画面既实现了人物瘦身的效果，又让画面看起来比较自然。

单击"对比"按钮，可以对比瘦身前后的效果，可以看到瘦身之后画面当中的人物整体会显得更加苗条一些。单击"应用当前效果"按钮，完成人物瘦身。

接下来进入"美腿"功能界面，在照片预览图上可以看到两条横线，这两条横线之间的区域就是可以通过拉伸变长的区域。

鼠标放到两根横线右侧的圆形标记内，单击鼠标左键点住，即可以上下拖动横线的位置。这张照片当中，我们将两条横线分别放在人物的膝盖和脚尖处。

提高界面左上角的"增高程度"参数值，即向右拖动滑块，可以看到腿部明显变长。当然这里也要注意，如果腿部过长，可能会导致画面失真，所以说虽然要拉长人物的腿部长度，但不宜过长。

单击"对比"按钮对比查看照片调整前后效果。如果对效果比较满意，单击"应用当前效果"按钮返回主界面。

返回主界面之后，我们发现当前的照片稍稍显得有些沉闷，因此在右侧的"一键美颜"列表中选择"清新"效果，可以看到照片效果明显变得更好一些。

再次对比照片调整前后的效果，可以看到画面整体变得更加理想。如果对照片比较满意，将照片保存即可。

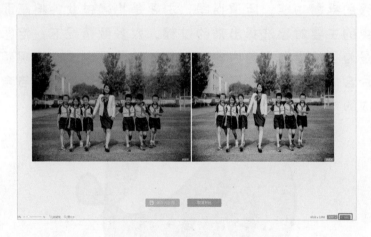

本节课将介绍一个比较有意思的功能，即美图秀秀的抠图功能。所谓抠图，主要是指通过软件将画面中的主要对象选择出来的过程。大多数情况下，抠图是为了将抠取出的内容放入其他的背景中，以实现照片合成的目的。本节课我们将详细介绍照片抠图与合成的方法。

知识点1：自动抠图与照片合成

首先来看第1个知识点——自动抠图与照片合成。

在美图秀秀中打开人像照片。因为设置问题，打开之后的照片是横向的，这时我们可以单击"旋转"按钮调整照片的方向。

在"旋转"界面中，单击逆时针旋转90°按钮将照片旋转，然后单击"应用当前效果"按钮，照片的方向就被校正了过来。

我们想要把人物从原背景中抠取出来。这时，先单击"抠图"按钮进入"抠图"界面，再单击界面左侧的"自动抠图"选项，此时会进入"自动抠图"界面。

在界面左侧，有简单的自动抠图教程，可以看到操作非常简单。我们只要在想要抠取的对象上单击并点住鼠标左键拖动划线，软件就会自动为要抠取的对象建立选区。

观察选区，会发现人物的部分头发以及胳膊边缘一些区域被漏选了。我们可以在被漏掉的区域上用鼠标划线，可以看到这个人物轮廓的选区线就变得更加准确。

知识点2：照片合成

　　检查后发现整个选区都非常准确，这时我们可以单击下方的"换背景"按钮。

　　这时会进入如下图所示的"抠图换背景"界面，此时在界面右侧，可以找到一些比较合适的海报背景进行背景替换。这里我们单击展开"杂志"列表，在其中选择了"一台相机向下投射光线"这个背景，感觉是比较合适的。直接单击这个背景，可以看到原背景就被替换成了这个海报背景。

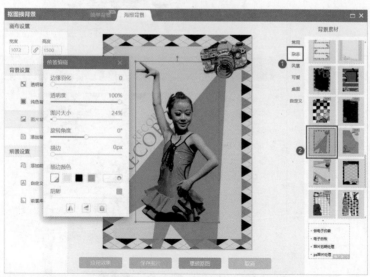

因为抽取的人物大小比例与所选的海报背景不算特别匹配，所以我们要将鼠标移动到被抽取的人物的边线上，单击并点住鼠标左键拖动可以改变画面中人物的大小，以便与海报背景相匹配。

改变人物大小之后，鼠标光标放到中间区域，点住左键并拖动以改变人物的位置。这张照片中，要将人物的下边缘放在黄框的下边线上，才会比较合理。完成操作之后，单击"应用效果"按钮，从而完成背景的替换。

在此时观察照片会发现人物显得比较暗。单击"人像美容"按钮切换到"人像美容"界面，对画面中的人物进行美容。

在界面右侧列表中单击"清新"这种一键美颜效果，会发现画面效果变得更加协调。

单击"对比"按钮对比调整前后的效果，可以发现照片变化是非常大的。以上就是从自动抠图到照片合成的完整过程。

最后将照片保存就可以了。

 知识点3：形状抠图

下面介绍形状抠图这个功能。形状抠图可以帮我们解决某些特定的问题，比如说我们想在PPT文件中插入不带背景的主体对象，那么使用形状抠图功能进行抠图就会比较方便。下面我们结合具体的案例来进行介绍。

再次打开我们之前合成的海报照片，切换到"抠图"界面，单击界面左侧的"形状抠图"选项。

进入"形状抠图"界面，选择圆形样式，这也是比较常用的一种抠图形状。移动鼠标光标到画面当中，点住左键进行拖动，拖出一个圆形的选区。在拖动鼠标时，如果我们按住键盘上的Shift键，可以创建正圆形的选区，如果不按Shift键，则会是椭圆形的选区。

如果我们创建的选区不够理想，可以单击下方的"重新抠图"按钮重新创建选区。

创建出圆形选区后，我们可以将鼠标光标放到选区上、下、左、右4端的圆圈标识上，待鼠标光标变为"箭头"时，单击并按住左键拖动鼠标即可改变圆形区域的大小。

　　松开鼠标左键后，再将光标放到圆形区域的中间，单击并点住左键拖动可改变选区的位置。确定好位置之后，单击"应用效果"按钮，就完成了圆形选区的创建。

　　这里有一个知识点非常重要，需要大家注意。此时被选择的部分是该圆形区域，背景则是以马赛克的方式显示，表示背景没有任何像素，是透明的。这个时候如果我们将照片保存成JPEG格式的文件，那么背景就会被白色像素填充，是没有办法保留下透明背景的。所以这个时候我们应该将照片保存为PNG格式的文件。

　　之前我们已经有过介绍，PNG格式可以保留透明的背景，以便照片在特定场景下应用。所以这里我们设置保存为PNG格式，然后单击"保存"按钮就可以了。

　　最终我们将这个抠取出的人像放到PPT文件中使用。

第 **11** 课

裁剪照片

本节课我们将讲解如何合理裁剪照片，以改变照片的构图形式。

知识点1：学会裁剪照片

首先来看第1个知识点——学会裁剪照片。

照片的裁剪其实非常简单，选择"裁剪"功能之后，只要点住鼠标左键在画面中进行框选，被框选的区域即要保留的部分，框选外的区域则是被裁掉的部分。

在裁剪时我们要注意，要删掉的部分应当是对画面主题表达没有太多意义的区域，或是分散主体表现力的区域。另外，我们还要注意，在裁剪时画面中会出现井字形结构的构图辅助线，如果对人像照片进行裁剪，最好让人物眼睛尽量靠近上三分线的位置，这样裁剪后的画面效果会更加理想。

在美图秀秀中打开照片，然后单击"裁剪"按钮进入"裁剪"界面。

我们可以看到照片左侧和右侧区域过大，分散了主体人物的表现力，并且人物下方楼梯区域也太大，也需要去掉一些。经过这样的裁剪后，人物整体看起来会更加突出，表现力会更强。

在裁剪时，尽量要让画面中人物的眼睛靠近上三分线位置，以符合摄影的美学规律。确定保留区域之后，单击下方的"应用当前效果"按钮即可完成初步的裁剪。

此时，我们观察发现画面的左右区域仍然有一点问题，因此可以再次进行裁剪，裁掉两侧被纳入进来的干扰元素，让画面整体显得更好一些。完成后再次单击"应用当前效果"按钮即可完成裁剪。

对比裁剪前后的画面效果，可以看到裁剪后的照片效果明显更好。最后将照片保存就可以了。

知识点2：制作证件照

接下来介绍如何制作证件照。严格来说，证件照应该是在室内且进行布光后再拍摄的，以确保人物脸上没有明显的阴影。本例中我们主要讲的是制作证件照的一般过程，所以对于照片的布光没有严格要求。

下面来看具体的操作过程。首先在美图秀秀中打开照片，要确保该照片是人物正面照。单击"裁剪"按钮。

进入"裁剪"界面后，单击界面右侧的"证件照"，并单击"标准二寸/2R"。

选择"标准二寸"（约5厘米）选项后，可以看到照片中出现了特定宽高比的裁剪线。

这个裁剪区域太小，因此我们将鼠标放到边线上单击并点住左键进行拖动，此时裁剪区域会进行等比例放大。等比放大的裁剪区域选出人物的头部后，确定裁剪范围，然后单击下方的"应用当前效果"按钮，这样就完成了二寸照的裁剪。

　　证件照大都是纯色背景，因此要给照片换一个蓝色或白色的背景。

　　单击"抠图"按钮进入"抠图"界面，单击"自动抠图"。

　　在人物头部用鼠标划线，以确定出人物的头部区域。

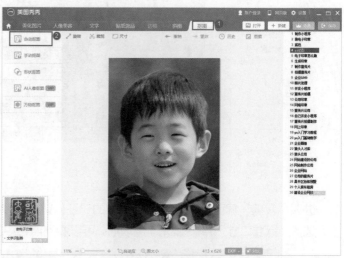

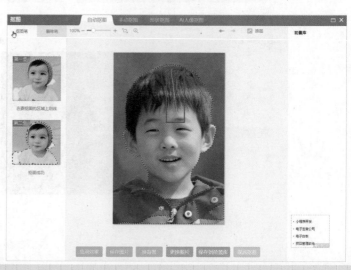

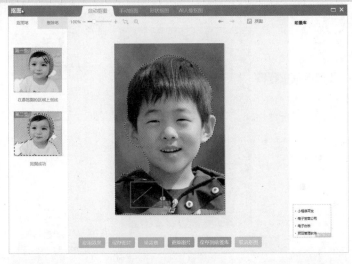

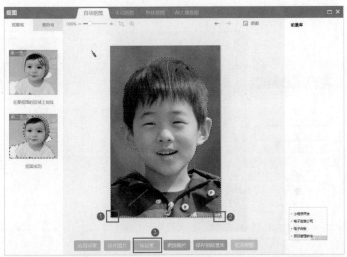

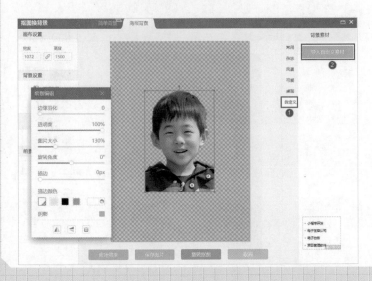

由于人物的衣服部分没有被识别出来，我们再次在人物的衣服上划一条线，可以看到人物衣服的大部分已被识别了出来。

继续在照片左下和右下那些漏掉的衣服部分画线，将漏掉的区域全部纳入到选区范围之内，然后单击"换背景"按钮。

这样会进入"抠图换背景"界面，选择"海报背景"。因为"海报背景"只能提供带花纹或是图案的背景，不符合证件照的要求，所以我们单击下方的"自定义"，再单击右侧的"导入自定义素材"按钮。

此时我们可以将准备好的蓝色背景载入。单击这个蓝色背景，照片原有背景就被替换成了蓝色背景。

这时我们先要调整图片大小，然后在照片显示区域单击鼠标左键点住人物拖动，改变人物的位置，将画面调整到比较理想的效果，再单击"应用效果"按钮，这样我们就完成了证件照制作的大部分工作。

接下来进入"人像美容"界面，在界面右侧"一键美颜"列表中选择"清新"这一美颜类型，可以看到画面整体的效果已经变得非常理想。

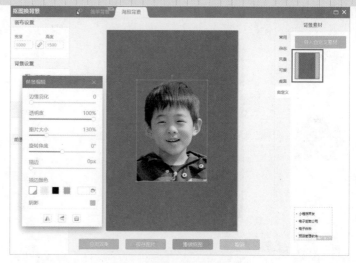

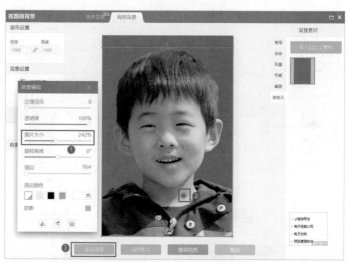

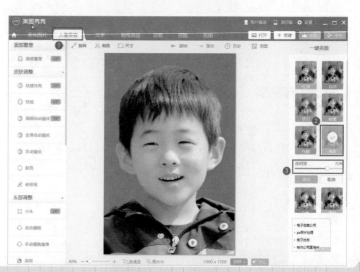

如果感觉肤色仍然不够理想，还可以进入"肤色"界面，对人物的肤色进行美白。最后单击"应用当前效果"按钮，完成证件照的制作。

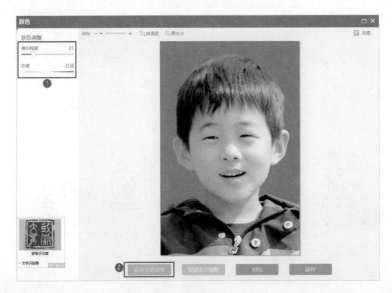

对比查看原始照片与证件照的效果，如果对处理后的照片比较满意，将照片保存就可以了。

第 **12** 课

文字与边框

本节课我们将介绍如何为照片添加文字及边框，让照片的主题更清楚，或是让画面更具趣味性。

知识点1：为照片添加文字

首先来看第1个知识点——为照片添加文字。

打开照片后，切换到"文字"界面，单击界面左侧的"输入文字"选项。

　　此时会弹出"文字编辑"对话框，在对话框上方的文本框中单击鼠标左键，输入"歌唱祖国"4个字；在下方可以设定字体，这里我们选择"隶书"；之后将鼠标移动到主界面添加的文字上，单击鼠标左键点住该文字并拖动即可以改变文字的位置。

由于感觉文字比较小，不是很清楚，我们可以在"文字编辑"对话框中改变字号大小，这里改变为300。然后稍稍降低文字的透明度，让文字能与画面协调。

之后单击"确定"按钮，就完成了文字的添加。

完成了文字添加，还可以为文字增加特效，选择合适的效果之后直接单击"保存"按钮，将添加文字之后的照片保存就可以了。

知识点2：为照片添加边框

接下来我们介绍如何为照片添加边框。

打开照片之后，进入到"边框"界面，在界面左侧可以看到有多种边框的形式供选择。

每一种边框形式都各有特点，但添加方式基本相同，所以我们没有必要介绍所有的边框类型的添加方法，这里只以"炫彩边框"为例进行介绍。

单击"炫彩边框"按钮进入"炫彩"边框界面之后，在右侧的列表中选择自己想要的边框效果，单击之后可以看到此时的照片就已套用了这种边框形式。在界面左上角我们可以改变这个边框的透明度。设置好边框后，单击"应用当前效果"按钮就可以完成添加边框的操作，最后将这张照片保存即可。

第 **13** 课

拼图

本节课我们将介绍如何对多张照片进行拼图处理，从而能以一个画面呈现出系列组图的美观效果。

知识点1：模板拼图

首先来看第1个知识点——模板拼图。

打开美图秀秀，进入"拼图"界面，单击"打开图片"按钮。

找到要拼图的照片中一张，单击选中，然后单击"打开"按钮。

此时可以将所选照片载入到拼图界面，本案例我们以"模板拼图"为例来进行介绍。

切换到"模板拼图"界面，此时我们所打开的照片会自动载入到模板的第一个格子当中。

在"模板拼图"界面的右侧，选择合适的模板。在选择时要注意照片的数量以及各照片的横竖分布情况。

本例我们要对三张横图、一张竖图做拼图处理，所以最终我们选择了右侧中间的这个"左三右一"的模板。单击之后可以看到之前载入的照片，已经自动填充到了左上第1个格子内。

双击拼图模板左侧第2个位置，此时会弹出"打开多张图片"对话框，在其中单击选中第2张图片，并单击"打开"按钮，第2张照片就会被载入到第2个格子。

用同样的方法将第3张和第4张照片载入，这样我们就初步完成了拼图的过程。

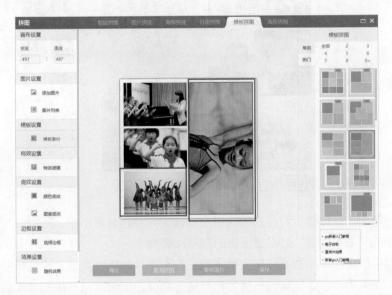

第4张照片变为横向，这是不对的，我们单击选中第4张照片，在浮出的照片设置对话框中单击逆时针旋转90°的图标选项，将照片方向校正过来。这样我们就完成了这个拼图的操作，可以看到三张横图和一张竖图被拼合在一个画面里。

　　在此一定要注意的是，我们选择的拼图模板的尺寸是非常小的，所以一定要注意在界面左上角的"画布设置"处设置画布的宽度和高度。

　　该拼图模版画布本是宽度和高度相同的正方形图片，所以我们在改变尺寸时，同样要让宽度和高度相同。这里我们将宽度和高度分别设为3002，这样拼图才不会变形。设定好之后单击"确定"按钮就可以完成拼图尺寸的设定。

　　单击"保存"按钮，将照片保存就可以了。

知识点2：海报拼图

接下来我们再来看海报拼图这个知识点。

单击主界面右上角的"原图"，将我们之前的操作归零，使照片恢复到原始状态。单击界面左侧的"海报拼图"选项。

进入"海报拼图"界面，单击"海报背景"，然后在界面右侧会出现不同种类的海报拼图模板供我们选择。我们单击选择一个海报背景，此时照片显示区会显示出拼图后

的效果。因为我们已经
打开了一张照片，那么
当前显示的就是只有这
一张照片的效果。在显
示区域下方我们可以看
到"双击添加图片"的
字样，我们只要在这个
区域，双击鼠标左键，
即可载入第2张要拼图的
照片。

拼入第2张照片后，
我们就完成了这个海报
的制作，非常简单。

完成之后单击"确
定"按钮。

对比拼图前后的效
果，可以看到拼图后的
效果还是比较好的，内
容也更丰富了。最后将
拼图保存就可以了。

美图秀秀的自由拼
图、智能拼图、图片拼
接等其他拼图功能，与
我们这里介绍的模板拼
图和海报拼图功能大同
小异，所以我们就不再
对这几个功能做介绍了。

第 14 课

本节实践课我们主要希望大家能对之前所介绍的照片明暗及色彩调整功能进行复习，让大家能够借助这两种功能实现对一般照片的美化。

任务：对一般照片进行明暗及色彩的美化

任选一张非人像类照片，进行明暗和色彩的优化。

以下为参考案例的原图及效果图。

↑ 原图

→ 效果图

第 **15** 课

本节实践课有两个任务，即回顾和复习人像照片的修图技巧。

任务一：完成人物肤色美化与磨皮

本任务主要是针对人物的肤色进行调整，对人像照片中人物的肤色进行磨皮与美化，让人物的肤色更白，肤质更更光滑。

下面是参考图例，可以看到原图和效果图相比，调整后的画面中人物皮肤的变化还是非常大的。

↑ 原图

→ 效果图

任务二：完成人物腿部变长与照片美化

第2个任务，要求我们对一张全身人像照片进行优化，包括瘦身与变长腿等操作，最后再对画面整体进行美化。

下面是参考案例的原图以及效果图。

↑ 原图

→ 效果图

第 **16** 课

修图实践：完成素材照片的拼图

本节课主要是对前面所介绍的照片拼图功能进行回顾与复习。

任务：用多张照片进行拼图

　　任务非常简单，要求我们选择某一主题的多张照片进行拼图处理，从而拼出比较理想的效果。这里要注意，大多数情况下，拼图时要尽量选择同一类型的照片。如果将例如人物、风景等多类型的照片拼到一起，拼图的效果可能会不太自然，也不好看。

　　下面展示的是拼图后的示例效果。

↑ 拼图示例效果